BEI GRIN MACHT SICH IHR WISSEN BEZAHLT

- Wir veröffentlichen Ihre Hausarbeit,
  Bachelor- und Masterarbeit

- Ihr eigenes eBook und Buch -
  weltweit in allen wichtigen Shops

- Verdienen Sie an jedem Verkauf

Jetzt bei www.GRIN.com hochladen
und kostenlos publizieren

Ernst Probst

Der De-Loys-Affe

Ein Menschenaffe in der "Neuen Welt"?

GRIN Verlag

Bibliografische Information der Deutschen Nationalbibliothek:

Die Deutsche Bibliothek verzeichnet diese Publikation in der Deutschen National-
bibliografie; detaillierte bibliografische Daten sind im Internet über http://dnb.d-
nb.de/ abrufbar.

Impressum:

Copyright © 2013 GRIN Verlag GmbH
Druck und Bindung: Books on Demand GmbH, Norderstedt Germany
ISBN: 978-3-656-40213-8

Der De-Loys-Affe:
Ein Menschenaffe in der „Neuen Welt"?

Ernst Probst

Der De-Loys-Affe

Ein Menschenaffe
in der „Neuen Welt"?

*Meinen Enkelkindern
Max, Paula und Jana gewidmet*

Belgischer Zoologe Bernard Heuvelmans (1916–2001),
Zeichnung von Talitha Wittich

Viele Tierarten sind noch unentdeckt

Nach Ansicht von Kryptozoologen, die weltweit nach verborgenen Tierarten (Kryptiden) suchen, leben auf der Erde noch zahlreiche unbekannte Spezies, die ihrer Entdeckung harren. Bisher sind auf unserem „blauen Planeten" etwa 1,5 Millionen Tierarten bekannt. Manche Wissenschaftler vermuten, dass mehr als 15 Millionen Tierarten noch unentdeckt bzw. unbeschrieben sind.

Der verhältnismäßig junge Forschungszweig der Kryptozoologie wurde von dem belgischen Zoologen Bernard Heuvelmans (1916–2001) um 1950 benannt und gegründet. Er sammelte Tausende von Berichten, Legenden, Sagen, Geschichten und Indizien verborgener Tiere und prägte durch seine Fleißarbeit die Kryptozoologie nachhaltig.

Als Zweige der Kryptozoologie gelten die Dracontologie, die sich mit den Wasserkryptiden befasst, die Hominologie, die sich mit Affenmenschen beschäftigt, und die Mythologische Kryptozoologie, welche die Entstehungsgeschichte von Fabelwesen erforscht. Der Begriff Hominologie wurde 1973 durch den russischen Wissenschaftler Dmitri Bayanov eingeführt. In der Folgezeit haben Kryptozoologen verschiedene Untergliederungen der Hominologie vorgeschlagen.

Die Kryptozoologie bewegt sich teilweise zwischen seriöser Wissenschaft und Phantastik. Kryptozoologen wollen nicht glauben, dass unser Planet schon sämtliche zoologi-

*Erstmals 1902 wissenschaftlich beschrieben:
der Berggorilla (Gorilla beringei beringei)*

schen Geheimnisse preisgegeben hat, obwohl Satelliten regelmäßig die ganze Erdoberfläche überwachen. Nach ihrer Ansicht bleibt das, was unter dem Kronendach tropischer Regenwälder oder in den Tiefen der Ozeane existiert, selbst modernster Spionage-Technik verborgen.

Kryptozoologen zufolge gibt es auf der Erde noch erstaunlich viele bisher unbekannte Tierarten zu entdecken.

Auf allen fünf Erdteilen – so glauben Kryptozoologen – leben beispielsweise große Affenmenschen. Die bekanntesten von ihnen sind „Yeti" im Himalaja, „Bigfoot" in Nordamerika, „Orang Pendek" auf Sumatra und „Alma" in der Mongolei. Als Affenmenschen gelten auch „Chuchunaa" in Ostsibirien, „Nguoi Rung" in Vietnam, „De-Loys-Affe" in Südamerika, der „Stinktier-Affe" aus Florida, „Yeren" in China und „Yowie" in Australien.

Affenmenschen heißen – laut „Wikipedia" – „affenähnliche", das heißt nicht mit allen Merkmalen der Art *Homo sapiens* ausgestattete Vertreter der „Echten Menschen" (Hominiden). Sie gehören zu den bekanntesten Landkryptiden.

Ernst Probst, der Autor dieses Buches, ist weder Kryptozoologe, noch glaubt er an die Existenz von Affenmenschen, die überlebende Frühmenschen oder Urmenschen wären. Aber er kann nicht ausschließen, dass in abgelegenen Gegenden der Erde noch bisher unbekannte Affen oder Menschenaffen ein verborgenes Dasein führen. Denn von 1900 bis heute sind erstaunlich viele große Tiere erstmals entdeckt und wissenschaftlich beschrieben worden. Darunter befinden sich auch Primaten wie der Berggorilla (1902), der Kaiserschnurrbarttamarin (1907), der Bonobo (1929), der Goldene Bambuslemur (1986), der Goldkronen-Sifaka oder Tattersall-Sifaka (1988), das Schwarzkopflöwenäffchen (1990) und der Burmesische Stumpfnasenaffe (2010).

Erstmals 1907 wissenschaftlich beschrieben:
der Kaiserschnurrbarttamarin (Saguinus imperator)

Erstmals 1929 wissenschaftlich beschrieben:
der Bonobo (Pan paniscus)

Erstmals 1986 wissenschaftlich beschrieben:
der Goldene Bambuslemur (Hapalemur aureus)

Erstmals 1988 wissenschaftlich beschrieben:
der Goldkronen-Sifaka (Propithecus tattersalli)

Foto auf Seite 15:

Erstmals 1990 wissenschaftlich beschrieben:
das Schwarzkopflöwenäffchen
(Leontopithecus caissara)

Schweizerischer Geologe
Louis François Fernand Hector de Loys (1892–1935)

16

Der De-Loys-Affe

Ein Menschenaffe in der „Neuen Welt"?

Das südamerikanische Gegenstück zum nordamerikanischen Affenmenschen „Bigfoot" ist der „De-Loys-Affe" *(Ameranthropus loysi)*. Man nennt ihn auch „Loys Affe", „St. Loy's Ape", „Didi", „Vasitri", „Guayazi" oder „Fallhammer". Der „De-Loys-Affe" verdankt seinen Namen einer vermutlich erfundenen abenteuerlichen Begegnung mit einer Expedition unter Leitung des schweizerischen Geologen Louis François Fernand Hector de Loys (1892–1935) im Jahre 1920.

Zur Expedition von François de Loys gehörten 20 Männer. Sie waren 1917 losgezogen, um in wenig erforschten Bergdschungeln der Sierra de Perijá an der kolumbisch-venezolanischen Grenze für die niederländische Gesellschaft „Colon Development", nach Erdöl zu suchen. Tropische Krankheiten, wilde Tiere und Angriffe feindlich gesinnter Motilone-Indianer mit giftigen Pfeilspitzen hatten die Gruppe bereits auf eine Handvoll Überlebende dezimiert, als es 1920 in einem Lager am Ufer des Rio Tarra, einem Nebenfluss des Rio Catotumbo in Venezula, zu einer weiteren gefährlichen Begegnung kam.

Plötzlich traten zwei seltsame Geschöpfe aus dem Dschungel hervor, die François de Loys für einen kurzen Augenblick als wilde Menschen fehldeutete. Doch in Wirklichkeit handelte es sich angeblich um zwei große, haarige und schwanzlose Affen, die auf ihren Hinterbeinen laufend auf die Männer zu stürmten. Die beiden Tiere schienen außer sich vor Zorn zu sein, kreischten laut, rissen Zweige ab, die sie wie Waffen schwenkten, entleerten den Inhalt ihres Darms

*Nordamerikanischer Affenmensch „Bigfoot",
Zeichnung von User „Lizard King" bei „Wikipedia"*

in ihre Hände und bewarfen die verängstigten Geologen mit
Kot.

Da die Männer angeblich um ihr Leben bangten, schossen
sie auf die beiden wilden Affen. Dabei trafen sie das
Weibchen, welches seinen Partner mit seinem Körper gedeckt
hatte, tödlich. Das Männchen dagegen entkam. Das tote
Weibchen war angeblich mehr als 1,50 Meter groß und trug
ein rötliches Fell. Sehr auffällig wirkte dessen riesige Klitoris,
das derjenigen eines Klammeraffen bzw. Spinnenaffen
(Ateles) ähnelte und leicht als männliches Geschlechtsorgan
fehlgedeutet werden konnte. Keiner der Expeditionsteilnehmer hatte jemals ein solches Tier, das menschenähnlicher
als alle bis dahin bekannten südamerikanischen Primaten war,
gesehen.

Weil de Loys geahnt haben soll, dass es sich bei diesen Tieren
um etwas Besonderes handelte, setzten die Männer das tote
Affenweibchen aufrecht auf eine Petroleumkiste und foto-
grafierten es. Der junge Geologe versuchte auch, den Schädel
des erlegten Affen aufzubewahren, doch dieser zerfiel bald
danach. Bis auf eine Aufnahme, die er in sein Notizbuch
gestreckt hatte, gingen alle Fotos verloren, als später ein Boot
auf einem Fluss kenterte. Das einzige erhaltene Bild zeigt
den mysteriösen Affen auf der Kiste sitzend, mit aufgerissenen Augen, weit geöffneten Maul und das Kinn mit
einem Stock abgestützt.

Die De-Loys-Expedition ging nach einem weiteren Überfall
der Motilone-Indianer noch 1920 zu Ende. De Loys klebte
nach der Rückkehr in die Zivilisation das einzige gerettete
Foto mit dem toten Affen in ein Album und machte von seiner
abenteuerlichen Begegnung im Jahre 1920 am Rio Tarra
zunächst kein großes Aufheben. Als er 1929 die
wissenschaftlichen Ergebnisse seiner geologischen Expe-

Goldstirn-Klammeraffe (Ateles belzebuth),
Zeichnung von Joseph Wolf (1820–1899)

dition zwischen 1917 und 1920 veröffentlichte, erwähnte er die beiden Affenmenschen nicht.

Wirbel um dieses Foto machte erst der mit De Loys befreundete schweizerische Anthropologe George Alexis Montandon (1879–1944), dem diese Aufnahme eines Tages auffiel. Die Beschreibung eines schwanzlosen Tieres mit 32 Zähnen durch de Loys passte nicht zu südamerikanischen Affen, die Schwänze tragen und meistens über 36 Zähne verfügen. Montandon gab 1929 der merkwürdigen Kreatur den wissenschaftlichen Namen *Ameranthropoides loysi* („de Loys' amerikanischer Menschenaffe").

Die Nachricht über einen Menschenaffen aus der „Neuen Welt" stieß in Fachkreisen auf großes Unverständnis. Denn Menschenaffen haben sich nach offizieller Lehrmeinung nur in der „Alten Welt" entwickelt. Später erkannte man, dass *Ameranthropoides* anderen Neuweltaffen sehr ähnlich sah. Auf dem Foto sind die breit stehenden Nasenlöcher gut erkennbar, deretwegen amerikanische Primaten auch als „Breitnasenaffen", afrikanische und asiatische dagegen als „Schmalnasenaffen" bezeichnet werden.

Bei *Ameranthropoides* handelte es sich vielleicht um einen Goldstirn-Klammeraffen *(Ateles belzebuth)*, der knapp einen Meter groß werden und am Boden aufrecht gehen kann. Da solche Klammeraffen einen langen Greifschwanz besitzen, den sie wie eine fünfte Hand einsetzen, wenn sie durch Baumwipfel fliegen, wurde der Verdacht geäußert, auf dem Foto werde der Schwanz unter der Kiste versteckt oder de Loys habe ihn abgeschnitten. Diese Aufnahme könne vollkommen gestellt sein, vermuten Skeptiker.

Montandon verteidigte die von de Loys angegebene enorme Größe des *Ameranthropoides* damit, die Petroleumkiste, auf der dieser saß, habe eine genormte Größe von 45 Zen-

Dänischer Naturforscher
Peter Wilhelm Lund (1801–1880)

timetern. Daraus ließen sich leicht 1,50 Meter errechnen. Nach offizieller Lehrmeinung existieren in Südamerika aber keine großen Affen, sondern nur viele Arten breitnasiger Affen, die nicht größer als einen Meter werden. Kritiker glauben, dass es sich bei der angeblichen Petroleumkiste, auf der *Ameranthropoides* saß, um eine merklich kleinere Munitionskiste gehandelt hat, wodurch die Größe des Affen nur derjenigen eines Klammeraffen bzw. Spinnenaffen entsprechen würde.

Es gibt heute noch Stimmen, die *Ameranthropoides* nicht für einen Goldstirn-Klammeraffen, sondern für eine neue, merklich größere Art halten – womöglich den größten Affen Südamerikas. Nach Fossilien von *Protopithecus brasiliensis* zu schließen hat es zumindest im Eiszeitalter (Pleistozän) in Südamerika bis zu 25 Kilogramm schwere Affen gegeben, die mehr als doppelt so schwer wie heutige Klammeraffen sind. Die Entdeckung von *Protopithecus brasiliensis* ist dem dänischen Naturforscher Peter Wilhelm Lund (1801–1880) in der brasilianischen Region Bahia geglückt, der dessen Fossilien 1838 erstmals wissenschaftlich beschrieben hat.

Der Arzt, Anthropologe und Völkerkundler George Montandon war von der vermeintlichen Entdeckung einer unbekannten Affenart in Südamerika fasziniert. Er begann damit, Anekdoten und Legenden über große Affen in abgelegenen Orten von Südamerika zu sammeln. Montandon hat als Wissenschaftler einen schlechten Ruf. Er war Antisemit und hat 1915 erstmals die Idee geäußert, durch ethnische Säuberungen könne man Frieden stiften. „Durch die massive Verpflanzung von Nichtangehörigen der Nation in Gebiete jenseits der Grenze" könne man die Nationalstaaten künftig „reinigen", meinte er. Montandon glaubte

*Dschungelheld Tarzan im türkischen Vergnügungspark
„Ankara Amusement Park"*

auch fälschlicherweise, Afrikaner hätten sich aus Gorillas und Asiaten aus Orang-Utans entwickelt. Den von ihm 1929 beschriebenen *Ameranthropoides* betrachtete er irrtümlich als Teil einer evolutionären Linie zwischen Klammeraffen und südamerikanischen Indianern. Im Jahre 1944 wurde Montandon vermutlich wegen Kollaboration mit den Deutschen von französischen Widerstandskämpfern erschossen.

Viel freundlicher klingen Urteile über den Geologen François de Loys. Dieser wurde noch 1998 und 1999 von den Autoren Ángel L. Viloria, Free und Bernardo Urbani sowie Stuart McCook in wissenschaftlichen Artikeln als freundlicher, optimistischer, unerschrockener und verantwortungsvoller Wissenschaftler bezeichnet. Es sei unwahrscheinlich, dass ein solcher Mann einen Betrug mit *Ameranthropoides* begangen habe, nur um zu Ruhm zu gelangen. Es gebe genügend Gründe, zu behaupten, dass de Loys kein Lügner sei. Das Originalfoto von *Ameranthropoides* sei ein einwandfreies Dokument aus einer Zeit, in der noch keine Bildbearbeitung existiert habe.

Anfangs hat sich de Loys über seine angebliche Begegnung mit zwei Affenmenschen in Südamerika sehr zurückhaltend geäußert. Nur auf Anraten seines Freundes Montandon veröffentlichte er Artikel in Zeitungen wie der „Washington Post" oder der „Illustrated London News".

In der „Washington Post" schrieb de Loys am 24. November 1929, einer der Affenmenschen habe verzweifelt mit seinen Fäusten auf seine eigene behaarte Brust geschlagen. Damals hatte Harold Foster in amerikanischen Magazinen erstmals Zeichnungen des Dschungelhelden Tarzan veröffentlicht, auf denen das angeblich für Gorillas typische Schlagen mit den Fäusten auf die Brust zu sehen war. In Wirklichkeit schlagen sich Gorillas lieber mit den Handflächen als mit den Fäusten auf die Brust.

De Loys galt als erfolgreicher Pionier in der noch jungen Wissenschaft der Ölfelder-Prospektion. Ab 1926 arbeitete er für die „Turkish Petroleum Company" und pflegte Kontakt mit Geologen und Wissenschaftlern aus aller Welt. 1928 wurde er Mitglied der renommierten „Geological Society" in London. Später kam er in den Irak, studierte Ölreserven und erkrankte an Syphillus. Dann kehrte er in die Schweiz zurück und starb am 16. Oktober 1935 in Lausanne im Alter von nur 43 Jahren.

Erst im Laufe der Zeit kristallisierte sich heraus, dass François de Loys die abenteuerlich klingende Geschichte über die angebliche Begegnung mit zwei Affenmenschen in Venezuela höchstwahrscheinlich erfunden hat. Es war offenbar ein Scherz, was er aber nie zugab.

Bereits 1927 soll der amerikanische Ingenieur A. James Durlacher, der bei einer Erdöl-Firma arbeitete und vom „De-Loys-Affen" erfahren hatte, manche Teilnehmer der De-Loys-Expedition befragt haben. Dabei erfuhr er, der angeblich 1920 erschossene Affenmensch sei nur ein Klammeraffe namens „Marimonda" gewesen. Nachzulesen ist dies in dem Buch „Man's poor relations" (1946) von Earnest Hooton.

In der Ausgabe vom Juli/August 1999 der venezolanischen Zeitschrift „Intercienca" in Caracas wurde ein bereits 1962 geschriebener Brief des Arztes Enrique Tejera (1899–1980) an Guillermo José Schael, den Herausgeber der Zeitung „Diario El Universal" in Caracas, mit interessanten Einzelheiten über den „De-Loys-Affen" veröffentlicht. Demzufolge war de François de Loys ein Schelm, über dessen Scherze Tejera und andere oft gelacht hätten. Aus dem Brief ging hervor, auch das Foto des Affenmenschen sei ein Scherz gewesen.

Als de Loys 1917 in der Erdölförderungs-Industrie der Region Perija (Venezuela) arbeitete, habe man ihm einen Affen mit einem kranken Schwanz gegeben, schrieb der venezolanische Arzt Tejera. Nach der Amputation des Schwanzes habe de Loys diesen Affen „el hombre mono" („Affenmensch") genannt. Später sei de Loys in Mene Grande (Venezuela) mit geologischen Arbeiten für „Standard Oil" beschäftigt gewesen, wohin auch der Arzt Tejera gekommen sei. De Loys habe den lebenden schwanzlosen Affen nach Mene Grande mitgenommen. Einige Zeit später sei dieser Affe gestorben und de Loys habe ein Foto von dem toten Tier auf der Kiste gemacht. Genau dieses Foto habe Montandon 1929 in einem öffentlichen Vortrag über *Anthropoides* gezeigt.

In dem französischsprachigen Buch „Des Indiens et des mouches" von Raymond Fiasson wurde schon 1960 über die Entstehung des Fotos vom Affenmenschen auf der Kiste berichtet. Auch diese Passage beruhte auf Angaben des erwähnten Arztes Enrique Tejera, der als junger Mann nach Frankreich ins Exil gegangen war. Darin wird erwähnt, im Hintergrund des Fotos sei der Stumpf einer Bananenstaude zu sehen. Da die Bananenpflanze erst von Siedlern nach Südamerika eingeführt worden sei, könne sie nicht wild in unerforschten Urwäldern am Rio Tarra gewachsen sein. Die Enthüllungen des Arztes Tejera haben sich offenbar wenig herumgesprochen.

Aus Südamerika kennt man etliche Indizien für die Existenz von großen Affen. Auf zwei steinernen Statuen der Maya-Indianer beispielsweise sind 1,50 Meter hohe affenähnliche Figuren abgebildet. 1549 soll unweit der Stadt Caracas in

Foto auf Seite 29:

*Als einziges Beweisstück für die Existenz
des De-Loys-Affen gilt ein Foto,
das angeblich 1920 am Ufer des Rio Tarra,
einem Nebenfluss des Rio Catotumbo,
in Südamerika aufgenommen wurde.
Die Aufnahme zeigt einen mysteriösen Affen,
der mit aufgerissenen Augen,
weit geöffnetem Maul
und das Kinn mit einem Stock abgestützt,
auf einer Kiste sitzt.*

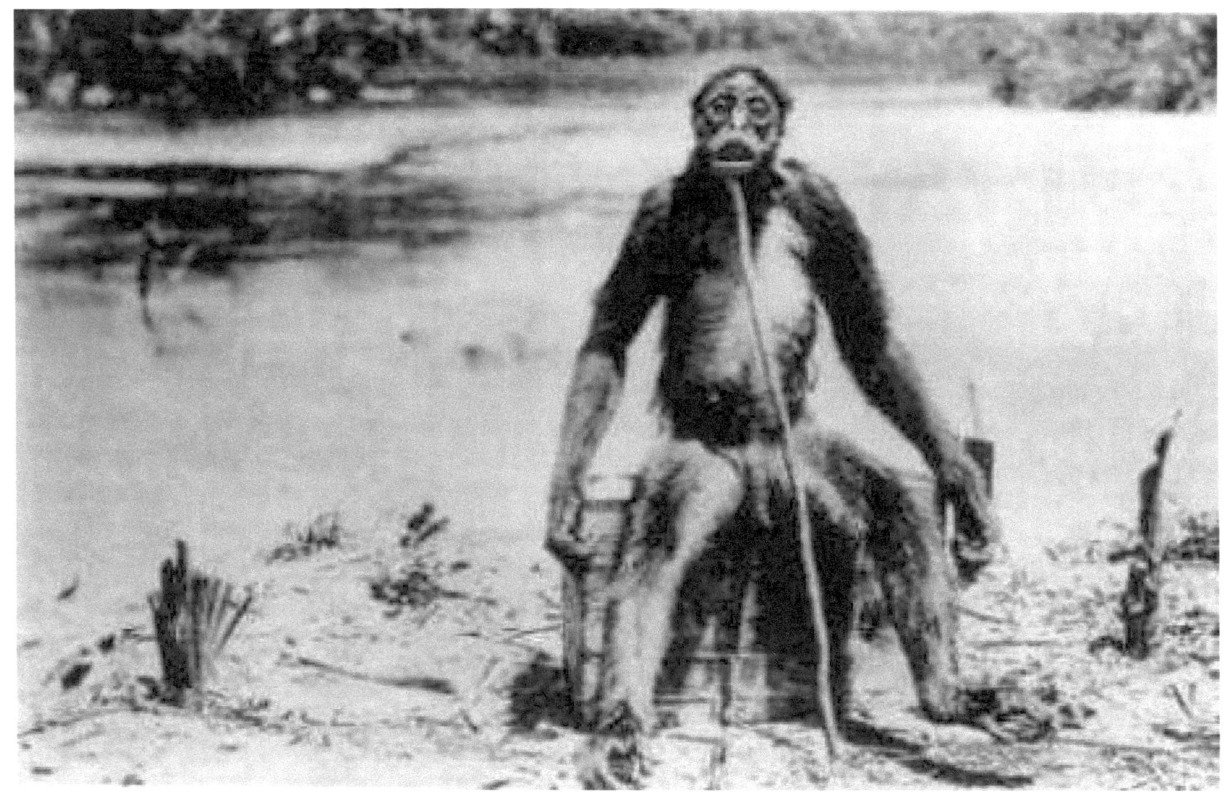

Englischer Seefahrer
Sir Walter Raleigh (1552–1618)

30

Bolivien die Leiche eines Affenmenschen namens „Ukumar“ gefunden worden sein. Unweit von Tafi Valley in Peru hat man angeblich sogar einen „Ukumar“ lebend gefangen. Nachzulesen ist dies in der Chronik von Peru („La Crónica del Peru“) von Pedro de Cieza de Léon.

1595 erfuhr der englische Seefahrer Sir Walter Raleigh (1552–1618) bei seiner Expedition in Guyana durch Eingeborene von bösen affenartigen Wesen, die Frauen verschleppten und Männer töteten. Raleigh selbst hat keine behaarten Affenmenschen mit eigenen Augen gesehen, aber er war überzeugt davon, dass sich dies so viele Leute nicht ausgedacht haben könnten. Beim Indianerstamm der Caribi in Guyana glaubte man an Dämonen, die den Dschungel mit Knüppeln bewaffnet durchstreifen und Eindringlinge angreifen würden. In dem Buch „Natural History of Guyana“ (1769) von Dr. Edward Bancroft wird die Begegnung mit einer Kreatur, die einem Orang-Utan ähnelt, beschrieben.

1800 warnten Indianer am oberen Orinoco in Venezuela den deutschen Naturforscher und Geographen Alexander von Humboldt (1769–1859) vor affenartigen, Hütten bauenden, Frauen raubenden und Menschenfleisch essenden, haarigen Kreaturen namens „Vasitri“ oder „großer Teufel“. Humboldt glaubte allerdings, die Eingeborenen würden dieses Geschöpf mit einem großen Bären verwechseln. Dies erwähnte der englische Naturforscher Philip Henry Gosse (1810–1888) in seinem Buch „The Romance of Natural History“ (1861).

1869 soll ein Regierungsbeamter von British-Guyana der mysteriösen Kreatur begegnet sein, wobei er und seine Begleiter zwei oder drei Mal ein lautes, langes Pfeifen im Inneren des Waldes hörten. Seine einheimischen Begleiter riefen „di-di, di-di“ und erklärten,„Didi“ sei ein Wesen, dessen Körper mit Haar bedeckt sei und im tiefen Wald lebe.

Englischer Naturforscher
Philip Henry Gosse (1810–1888) mit Sohn Edmund

Deutscher Naturforscher und Geograph
Alexander von Humboldt (1769–1859)

Britischer Autor
Sir Arthur Conan Doyle (1859–1930)

Über behaarte Affenmenschen in Südamerika kursierten noch Mitte des 20. Jahrhunderts unglaubliche Geschichten. Der Kryptozoologe Bernard Heuvelmans berichtete über das angebliche Erlebnis eines Freundes aus den 1950-er Jahren: „Auf einer Estancia wurden etwa hundert tote Rinder gefunden. Sie hatten keine Verletzungen, nur die Zunge war herausgerissen und verschwunden. Dies setzte sich etwa acht Monate fort. Dann geschah zwei oder drei Jahre nichts, bis das Töten im gleichen Gebiet, nur auf einer anderen Estancia, wieder anfing. Nochmals erlitten etwa hundert Tiere das gleiche Schicksal."

Schier unglaublich klingt auch eine weitere Geschichte aus Südamerika über tote Rinder mit herausgerissenen Zungen. Dieses Ereignis soll mit einem „Dröhnen, das aus den Tiefen des unberührten Waldes kam", und „menschenähnlichen Fußabdrücken im weichen Sand", die sage und schreibe etwa 60 Zentimeter lang waren, einher gegangen sein.

Die vielen Berichte wären durchaus vernünftig, wenn sie nicht im Widerspruch zum Verzeichnis der bekannten Säugetiere Südamerikas stehen würden, erklärte Dr. Jan Reifenberger 2010 in der Zeitschrift „Der Fährtenleser". Aber es gebe eine Vielzahl an Berichten über etwa 1,65 Meter große menschenähnliche Affen. Jene würden meist paarweise angetroffen und reagierten sehr gereizt, wenn sie Menschen gegenüber ständen. Ihr Schrei soll wie menschliches Rufen klingen.

Affenmenschen spielen neben Flugsauriern und Dinosauriern auch in dem Roman „Lost World" (1912) des britischen Autors Sir Arthur Conan Doyle (1859–1930), dessen Krimis über den Detektiv „Sherlock Holmes" zu Weltruhm gelangten, eine Rolle. Dieser Roman wurde 1925 erstmals verfilmt. Remakes folgten 1960, 1992 und 1998 im Kino sowie 1999 im Fernsehen. Steven Spielberg verwendete den Titel „Lost World" 1997 im zweiten Jurassic-Park-Film.

„Lost World" von Sir Arthur Conan Doyle erzählt die abenteuerliche Geschichte des Professors Challenger, der 1911 eine britische Expedition von Wissenschaftlern in den Dschungel des Amazonas führt. Challenger ist fest davon überzeugt, dass in Südamerika noch Dinosaurier existieren und will dies beweisen. In Lebensgefahr geraten die Expeditionsteilnehmer nicht nur durch riesige Saurier, sondern auch durch Affenmenschen, die sich als Menschenfresser betätigen. Auf einem abgelegenen, isolierten Plateau überfällt eine Affenmenschen-Horde die Wissenschaftler und nimmt die Professoren Challenger und Summerlee gefangen. Die übrigen Expeditionsteilnehmer stoßen am Ufer eines Sees auf Indios, die mit den Affenmenschen verfeindet sind und sich mit den Wissenschaftlern verbünden.

Unterdessen erleben die gefangenen Professoren entsetzt, wie die Affenmenschen einen überwältigten Indio auffressen. Ehe sie dasselbe furchtbare Schicksal erleiden, werden sie von ihren Kollegen und den Indios befreit. Die überlebenden, von den Indios in einen Käfig eingesperrten Affenmenschen dienen Professor Challenger als Studienobjekte. Die Expeditionsteilnehmer genießen die Gastfreundschaft der Indios und es entwickeln sich mancherlei Romanzen. Diese Idylle wird plötzlich gestört, als eine von den Affenmenschen gerufene Horde von Allosauriern das Dorf der Indios angreift.

Autor Ernst Probst

Der Autor

Ernst Probst, geboren am 20. Januar 1946 in Neunburg vorm Wald im bayerischen Regierungsbezirk Oberpfalz, ist Journalist und Buchautor. Er arbeitete von 1968 bis 1971 als Redakteur bei den „Nürnberger Nachrichten", von 1971 bis 1973 in der Zentralredaktion des „Ring Nordbayerischer Tageszeitungen" in Bayreuth und von 1973 bis 2001 bei der „Allgemeinen Zeitung", Mainz. Von 2001 bis 2006 war er zunächst als Buchverleger und später auch weltweit als Fossilien- und Antiquitätenhändler aktiv
In seiner Freizeit schrieb Ernst Probst vor allem populärwissenschaftliche Artikel für die „Frankfurter Allgemeine Zeitung", „Süddeutsche Zeitung", „Die Welt", „Frankfurter Rundschau", „Neue Zürcher Zeitung", „Tages-Anzeiger", Zürich, „Salzburger Nachrichten", „Oberösterreichische Nachrichten", Linz, „Die Zeit", „Rheinischer Merkur", „Deutsches Allgemeines Sonntagsblatt", „bild der wissenschaft", „kosmos", „Deutsche Presse-Agentur" (dpa), „Associated Press" (AP) und den „Deutschen Forschungsdienst" (df).
Aus der Feder von Ernst Probst stammen zahlreiche Beiträge der Buchreihe „Geschichten, die die Forschung schreibt" sowie die Bücher „Deutschland in der Urzeit" (1986), „Deutschland in der Steinzeit" (1991), „Rekorde der Urzeit" (1992), „Dinosaurier in Deutschland" (1993 zusammen mit Raymund Windolf) und „Deutschland in der Bronzezeit" (1996). Von 1986 bis heute veröffentlichte Probst mehr als 200 Bücher, Taschenbücher, Broschüren und E-Books.

Literatur

CENTLIVRES, Pierre / GIROD Isabelle: George Montandon et le grand singe américain. L'invention de l'Ameranthropoides loysi. Gradhiva 24: S. 33–43, Paris 1998

CRYPTOMUNDO.COM http://www.cryptomundo.com

CRYPTOZOO.ORG http://www.cryptozoo.org

DE-LOYS-AFFE, Wikipedia http://de.wikipedia.org/De-Loys-Affe

GEBHARDT, Harald / LUDWIG, Mario: Von Drachen, Yetis und Vampiren – Fabeltieren auf der Spur, München 2005

GROSSE, Philip Henry: The Romance of Natural History, S. 280–281, New York 1861

KRYPTOZOOLOGIE http://wikipedia.org/wiki/Kryptid

LÉON, Pedro de Cieza de: La Crónica del Perú, Lima 1973

MONTANDON, George: Découverte d'un singe d'apparence anthropoïde en Amérique Sud. Journal de la Société des Américanistes de Paris, 21 (6), S. 183–195, Paris 1929

PROBST, Ernst: Affenmenschen. Von Bigfoot bis zum Yeti, München 2013

SHERMER, Michael: The Sceptic Encyclopedia of Pseudoscience, ABC-Clio: 903, Santa Barbara 2002

VILORIA, Ángel L. / URBANI, Free / URBANI, Bernardo: François de Loys (1892–1935) y un hallazgo desdenado: La historia de una controversia antropologica. Intercienca, Mar.-Apr., Vol.32 (2), S. 94–100, Caracas 1998

VILORIA, Ángel L. / URBANI, Free / McCOOK, Stuart /
URBANI, Bernardo: De Lausanne aux Forets
vénézuéliennes. Mission géologieque de François de Loys
(1892–1935) et les orgines d'une controverse
anthropoloique. Bulletin de la Société Vaudoise des
Sciences Naturelles, 86 (3), S. 157–174, Lausanne 1999

Bildquellen

Bücher von Ernst Probst

Als Mainz noch nicht am Rhein lag

Archaeopteryx. Die Urvögel aus Bayern

Bigfoot. Der nordamerikanische Affenmensch

Das Moustérien. Die große Zeit der Neanderthaler

Das Rätsel der Großsteingräber. Die nordwestdeutsche Trichterbecher-Kultur

Der Höhlenbär

Der Rhein-Elefant. Das „Schreckenstier" von Eppelsheim

Der Ur-Rhein. Rheinhessen vor zehn Millionen Jahren

Deutschland im Eiszeitalter

Deutschland in der Frühbronzezeit

Deutschland in der Mittelbronzezeit

Deutschland in der Spätbronzezeit

Die nordische Bronzezeit in Deutschland

Dinosaurier in Deutschland

Dinosaurier von A bis K. Von Abelisaurus
bis Kritosaurus

Dinosaurier von L bis Z. Von Labocania
bis Zupaysaurus

Höhlenlöwen. Raubkatzen im Eiszeitalter

Johann Jakob Kaup. Der große Naturforscher
aus Darmstadt

Krallentiere am Ur-Rhein. Die Entdeckungsgeschichte
von Chalicotherium goldfussi

Menschenaffen am Ur-Rhein. Paidopithex,
Rhenopithecus und Dryopithecus

Monstern auf der Spur. Wie die Sagen über Drachen,
Riesen und Einhörner entstanden

Nessie. Das Monsterbuch

Rekorde der Urmenschen. Erfindungen, Kunst
und Religion

Rekorde der Urzeit. Landschaften, Pflanzen und Tiere

Säbelzahnkatzen. Von Machairodus bis zu Smilodon

Yeti. Der „Schneemensch" im Himalaja

Bestellungen bei: http://www.grin.com